NOUVEL ART D'ÉLEVER

ET DE MULTIPLIER

LES PIGEONS

de Colombier et de Volière,

SOIT A LA VILLE, SOIT A LA CAMPAGNE;

CONTENANT

LA MANIÈRE DE LES NOURRIR, DE LES GUÉRIR DE LEURS MALADIES,
LES SOINS QUE L'ON DOIT DONNER AU COLOMBIER ET A LA VOLIÈRE;
LA MANIÈRE D'ENGRAISSER LES PIGEONNEAUX,
DE RECONNAITRE LE SEXE DES PIGEONS,
LA MANIÈRE DE CONSTRUIRE LES COLOMBIERS ET LES VOLIÈRES;
LA CONSTRUCTION DES CASES ET DES NIDS, ETC.

(*Voyez la table.*)

MOYEN INFAILLIBLE DE SE FAIRE UNE RENTE DE 2,500 FRANCS.

Industrie à la portée du pauvre comme du riche.

2e ÉDITION AUGMENTÉE.

PAR M. BOIS,
Agriculteur à Saint-Jean-d'Etreux (Bresse).

Prix : 50 centimes.

PARIS,
CHEZ TISSOT, LIBRAIRE,
RUE DE LA HARPE, 19.

1850.

SAINT-CLOUD. — IMPRIMERIE DE BELIN-MANDAR.

HISTOIRE DES PIGEONS.

Les caractères génériques des pigeons sont : bec faible, grêle, droit, comprimé latéralement, couvert à sa base d'une membrane voûtée sur chacun de ses côtés, étroite en devant ; mandibule supérieure plus ou moins renflée par le bout, crochue ou seulement inclinée à sa pointe ; narines oblongues, ouvertes vers le milieu du bec, placées dans un cartilage formant une protubérance membraneuse plus ou moins épaisse, plus ou moins molle, longue, pointue et entière ; pieds marcheurs, courts, rouges dans la plupart, à ongles simples ; quatre doigts, trois devant et un derrière ; les antérieurs rarement réunis à leur origine par une petite membrane, presque toujours totalement libres ; ailes allongées, pointues ou arrondies et médiocres ; corps charnu et savoureux. Les pigeons sont monogames, c'est-à-dire qu'une femelle suffit à un mâle. Pendant toute la saison des amours, ils ne se quittent pas et travaillent en commun à la construction d'un nid et à l'éducation de leurs petits. Il les nourrissent dans le nid longtemps avant qu'ils l'abandonnent. Ils naissent aveugles et incapables de choisir leur nourriture que le mâle et la femelle leur apportent tour à tour ; enfin ils ne se hasardent à quitter le berceau qui les a vu naître que lorsqu'ils sont entièrement couverts de plumes.

On croit que les pigeons ne contractent qu'un seul mariage dans leur vie, à moins qu'un accident funeste ne vienne rompre un doux lien. La chose me paraît très-problématique. Il est vrai que, dans une volière, un mâle garde souvent sa femelle toute sa vie, parce que, sans cesse pressé de jouir, il n'a pas le temps de chercher, dans le grand nombre de ses compagnons d'esclavage, une femelle libre qui puisse lui convenir ; mais, en état de liberté, rien ne peut faire présumer qu'il en soit de même. Aussitôt que l'automne commence, les pigeons se réunissent en troupes nombreuses, soit pour aller ensemble chercher des climats où les rigueurs de l'hiver sont plus supportables, soit pour les braver dans le pays qui les a vu naître. Ils restent ici en grandes bandes jusqu'à ce que le retour du printemps vienne de nouveau leur annoncer la saison des amours ; alors ils s'accouplent et se séparent pour aller, deux à deux, élever leurs couvées dans les forêts silencieuses. Rien ne prouve qu'un mâle reprenne, à cette époque, la même femelle qu'il avait l'année précédente.

Chaque bande est toujours composée d'individus de la même espèce. Quelques-uns choisissent un arbre élevé dans une forêt solitaire pour construire, sans art, sur une branche ou dans un trou, leur nid ; les autres préfèrent les jeunes taillis, les bosquets, les crevasses de rochers ou même les trous poudreux des ruines ou des vieux bâtiments. Leur nid, informe, presque plat, a toujours la longueur suffisante pour contenir le mâle et la femelle. Ils y pondent deux œufs qu'ils couvent alternativement, et lorsqu'ils sont éclos, ils partagent également tous les soins qu'exigent les petits.

Les jeunes pigeons naissent avec un léger duvet ordinairement tirant sur le blond et disparaissant entièrement longtemps après que le corps est couvert de plumes. Ce n'est qu'alors qu'ils se hasardent à quitter le nid et que leurs parents les abandonnent pour recommencer une nouvelle ponte.

Buffon, comme les autres naturalistes qui l'ont suivi, font un tableau charmant des mœurs de ces animaux ; il ne lui manque, pour être admirable, que d'être vrai. Tous, dit-il, ont des qualités qui leur sont communes, l'amour de la société, l'attachement à leurs semblables, la douceur de mœurs, la chasteté, c'est-à-dire la fidélité réciproque et l'amour sans partage du mâle et de la femelle ; la propreté, le soin de soi-même, qui suppose l'envie de plaire ; l'art de se donner des grâces qui le suppose encore plus, les caresses tendres, les mouvements doux, les baisers timides qui ne deviennent intimes et pressants qu'au moment de jouir ; ce moment même ramène, quelques instants après, par de nouveaux désirs, de nouvelles approches, également nuancées, également senties, un feu toujours durable, un goût toujours constant, et, pour plus grand bien encore, la puissance d'y satisfaire sans cesse ; nulle humeur, nul dégoût, nulle querelle ; tout le temps de la vie employé au service de l'amour et au soin de ses fruits, toutes les fonctions pénibles également réparties, le mâle aimant assez pour les partager et même se charger des soins maternels, couvant régulièrement à son tour et les œufs et les petits pour en épargner la peine à sa compagne, pour mettre entre elle et lui cette égalité dont dépend le bonheur de toute union durable : quels modèles pour l'homme, s'il pouvait ou savait les imiter !

Nous allons voir que les modèles proposés à l'homme sont comme lui empreints de vices de la société. Il arrive souvent qu'après avoir été plus ou moins longtemps accouplés, une femelle se dégoûte de son mâle ; elle refuse d'abord ses caresses, puis, quelques jours après, le fuit et l'abandonne pour se livrer au premier venu, sans que l'on puisse en trouver d'autres raisons que le caprice. Cette infidélité est plus commune chez les femelles que chez les mâles ; cependant ceux-ci manquent rarement de profiter de la bonne volonté de la femelle d'un autre pour lui prodiguer des caresses adultères sans pour cela quitter la leur. Il arrive fréquemment qu'un couple reste uni quoique les deux individus se fassent journellement des infidélités ; il en résulte que l'amateur, qui comptait sur des descendants d'une race pure, est fort étonné de n'avoir que des pigeonneaux insignifiants et croisés, portant sur leur plumage mélangé la marque honteuse des vices de leurs parents. Quelquefois, mais plus rarement, le mâle abandonne entièrement sa femelle, et paye à coups de bec les caresses qu'elle lui fait pour le rappeler auprès d'elle. Ces désordres peuvent avoir lieu toute l'année, mais ils sont plus fréquents dans le temps de la mue, c'est-à-dire aux mois d'août et de septembre. L'amateur doit surveiller avec grand soin ces découplements et ces infidélités, pour y remédier à l'instant même ; car s'il laisse ces oiseaux agir à leur volonté, ou même s'il y met de la négligence, il finira par ne plus avoir que des variétés mixtes, dégénérées, des mondains enfin, incapables de satisfaire l'œil et le goût, et ayant perdu toute leur valeur. Il arrive encore qu'un pigeon, ce modèle de constance et de chasteté non-seulement est infidèle à sa compagne, mais encore la force à vivre en commun avec une rivale préférée. Il les veille toutes deux et les force, en les battant, à lui rester fidèles au moins en sa présence ; mais il résulte de cette bigamie que, ne pouvant suffire aux soins à donner à deux couvées à la fois, il souffre, dépérit et meurt quelquefois victime de son incontinence, outre que les œufs se couvent mal et que les petits sont toujours maigres et maladifs, s'ils ne périssent jeunes ou même avant d'éclore.

On remédie à ces inconvénients au moyen des appareilloirs, mais il arrive souvent qu'un oiseau persiste dans le caprice qui lui a fait abandonner son mâle ou sa femelle, et refuse constamment de s'accoupler de nouveau avec lui, soit que le dégoût qu'ils se sont inspiré demeure insurmontable, ou que l'attachement qu'ils avaient contracté pour un autre individu soit plus durable que la patience de l'amateur qui veut les réunir. Ce qui porterait à le croire, c'est que, si un mâle, par exemple, peut voir de son appareilloir la femelle qui l'avait rendu infidèle, il se consume en efforts impuissants pour la rejoindre et se venger de son esclavage sur sa malheureuse compagne, qu'il maltraite au point de forcer l'observateur à la lui retirer s'il ne veut la voir bientôt devenir tout à fait sa victime.

Souvent une jeune femelle refuse opiniâtrément de s'accoupler avec le mâle qu'on lui avait destiné, malgré tous les moyens employés par l'amateur. Il ne lui reste plus qu'à lui rendre la liberté et à lui laisser faire son choix selon que son caprice la dirigera. Il ne faudra pas s'étonner de lui voir choisir presque aussitôt le pigeon le plus malpropre, le plus disproportionné à sa taille, et le forcer pour ainsi dire, par des avances sans pudeur, par l'importunité de ses caresses, à s'accoupler avec elle. Heureusement pour la conservation des races pures que ces exemples sont assez rares. Quelquefois une jeune femelle, après avoir refusé l'accouplement, s'abandonne sans choix à plusieurs mâles, et fait sa ponte toute seule, pour conserver la facilité de satisfaire le penchant qu'elle a pour le libertinage.

Lorsqu'un mâle devient vieux ou infirme, rarement sa femelle reste avec lui, et les autres refusent constamment de s'appareiller avec un individu qui a perdu les grâces et surtout la vigueur de la jeunesse. Il arrive cependant quelquefois que sa compagne, ayant vieilli avec lui, ne l'abandonne pas, mais elle prend un amant de passage, le premier venu, et rapporte au ménage des adultérins dont le mâle est obligé de prendre soin comme s'ils étaient à lui, et ce ménage, dit M. Vieillot, peut durer jusque dans son extrême vieillesse ; car, alors même que ces oiseaux perdent la faculté de voler et de marcher, ils ont encore celle si fatigante de la déglutition, tant la nature a d'empire et de sagesse ; ils peuvent couver les œufs et nourrir les petits, ce qui donne aux amateurs le plaisir de conserver, sans enfreindre les lois de l'économie, les vieillards pour lesquels leur beauté des souvenirs ou d'autres causes leur ont inspiré de l'attachement.

Quand une femelle éprouve de l'antipathie pour un mâle avec lequel on veut l'accoupler, malgré tous les feux de l'amour, malgré l'alpiste et le chènevis dont on la nourrit pour augmenter son ardeur, malgré un emprisonnement de six mois et même d'un an, elle refuse constamment ses caresses ; les avances empressées, les agaceries, les tournoiements, les tendres roucoulements, rien ne peut lui plaire ni l'émouvoir ; gonflée, boudeuse, blottie dans un coin de sa prison, elle n'en sort que pour boire et manger ou pour repousser avec une espèce de rage des caresses devenues trop pressantes.

Les pigeons, et les mâles surtout, sont d'une jalousie effrénée. S'ils surprennent leurs femelles en adultère, ils les battent avec un acharnement qui n'est égalé que par la fureur que celles-ci mettent dans leur défense, et ce n'est jamais qu'après de nombreux combats qu'ils viennent à bout de ramener à la constance leurs capricieuses compagnes. Non-seulement les pigeons sont jaloux de leurs épouses, ils le sont encore de celles des autres, et jamais ils ne manquent de troubler les caresses d'un couple étranger quand ils en trouvent l'occasion. Il en résulte souvent une lutte dans laquelle ils déploient un acharnement bien opposé à l'idée de douceur que les auteurs se sont plu à nous donner de leur caractère. Ils portent même la cruauté jusqu'à tuer impitoyablement les pigeonneaux sans défense qu'un accident malheureux a précipités de leur nid. On peut juger par ce que nous venons de dire, que la douceur, la chasteté et toutes les autres vertus que l'on a chimériquement attribuées à ces animaux, n'existent que dans les brillantes descriptions des auteurs. Leur prétendue tendresse n'est qu'un besoin lascif, leurs caresses un libertinage, et ce qui le prouve, c'est que l'on a vu quelquefois des mâles se caresser entre eux, ce qui est, je crois, sans exemple dans les autres animaux.

NOUVEL ART D'ÉLEVER

ET DE MULTIPLIER

LES PIGEONS.

DU COLOMBIER.

On doit apporter la plus grande attention dans le choix du lieu où doit être placé le colombier. Sa construction et sa position sont deux choses essentielles. Il doit être éloigné de quatre à cinq cents pas de l'habitation, situé dans un endroit sec et sain, le plus élevé possible, à l'abri des grands vents, au soleil levant, pour que les pigeons reçoivent les premiers rayons du soleil aussitôt qu'il paraît sur l'horizon ; à la proximité d'une mare d'eau, d'une fontaine, d'un abreuvoir, d'un étang ou d'un ruisseau.

Les pigeons fuyards bisets, avec lesquels on peuple les colombiers, sont des oiseaux timides, qui aiment dans la domesticité tout ce qui ressemble à l'état sauvage. Le moindre bruit les inquiète et leur fait prendre la fuite. Leur habitation doit donc être éloignée de la basse-cour, où l'on est susceptible de faire du bruit ; de l'entrée du logis, du passage habituel, des usines et établissements bruyants, et qui répandent de mauvaises odeurs, des arbres : le bruit du feuillage les fait fuir.

Il faut seulement avoir soin de veiller à l'oiseau de proie, qui fréquente de préférence ces colombiers élevés et isolés, et qui ne laisse pas d'inquiéter les pigeons sans néanmoins en détruire beaucoup, car il ne peut saisir que ceux qui se séparent de la troupe.

L'établissement d'un colombier au milieu d'une ferme est on ne peut plus mal placé : les chats, les belettes, les rats, enfin tous les animaux malfaisants y abondent en si grande quantité qu'ils finissent par détruire tous les pigeons du colombier, quand ils ont trouvé une issue pour s'y introduire

Il y a deux formes de colombier que l'on peut adopter indistinctement sans inconvénient : les colombiers de pied et les colombiers sur piliers : cependant on doit donner la préférence à ces derniers par leur commodité. Si on les fait construire de forme ronde, on aura la facilité d'y placer une échelle tournante, qui est très commode pour visiter les nids. Nous en parlerons plus loin.

On placera la fenêtre du colombier, qui doit donner passage aux pigeons, du côté du midi, à quatre ou cinq mètres de hauteur. Cette fenêtre devra avoir une longueur de soixante-dix centimètres, garnie d'une porte très-solide, à coulisse, de manière que l'on puisse la faire mouvoir facilement de haut en bas et de bas en haut, par le moyen d'une corde passée en poulie. De cette manière, on pourra fermer et ouvrir d'en bas, à volonté. On fera couvrir le colombier en ardoise ou en tuiles plates, parfaitement jointes, pour ne pas donner passage aux intempéries de l'air ni à aucun animal, et surtout aux moineaux ; ces oiseaux voraces font un très-grand ravage dans les colombiers où ils peuvent s'introduire.

A l'extérieur du colombier, et tout autour, on fera bien de construire une corniche en pierre saillante de trente à trente-cinq centimètres, placée au niveau de l'entrée des pigeons ; ils aiment à s'y promener et à s'y poser en entrant et en sortant.

Si l'entrée du colombier est placée sur le toit, on placera cette corniche à l'intérieur, et à la moitié de la hauteur du colombier.

Il faudra, autant que possible, ne pas négliger de boucher les joints de ces pierres avec du plâtre ou du ciment.

L'ouverture qui sert d'entrée aux pigeons n'étant pas suffisante pour éclairer intérieurement le colombier et pour y renouveler l'air, on y placera une seconde ouverture qui devra avoir deux mètres cinquante centimètres de hauteur, sur deux mètres de large ; elle sera placée presque en haut du colombier ; on la fermera intérieurement avec des planches percées de trous, sauf à l'entrée des pigeons De cette manière les émanations qui s'exhalent de la fiente accumulée sur le sol disparaitront.

La toiture devra avoir une saillie suffisante pour garantir la corniche dont nous avons parlé plus haut de recevoir l'eau par les temps de pluie, et de se dégrader promptement; ou, si l'on préfère, on établira autour du colombier une gouttière qui versera ses eaux du côté opposé à l'entrée des pigeons.

Le mur extérieur devra être parfaitement crépi avec un mortier composé de chaux et de sable, et parfaitement uni. Cette précaution empêchera les rats de grimper le long du mur et de s'introduire dans le colombier. La construction intérieure est fort simple. Le plancher seul demande des précautions dans son exécution. Le carrelage en carreaux doit être préferé au bois : il résiste mieux aux rats et prend moins l'humidité. Les carreaux qui touchent les murs doivent être bien assemblés et parfaitement scellés.

On aura soin de peindre en blanc toutes les parties du colombier, tant intérieures qu'extérieures, avec de la chaux vive. On devra renouveler cette peinture aussitôt qu'elle commencera à jaunir, car les pigeons aiment beaucoup cette couleur, qui leur sert de ralliement.

DES CASES ET DES NIDS.

Quant à la disposition des cases, elle est partout uniforme. On les établit autour du colombier, soit en planches, soit en briques.

Le premier rang de cases, qui sera placé à un mètre soixante centimètres de la hauteur du sol, sera supporté par des pierres que l'on aura laissées saillantes à cet usage en construisant l'habitation, et les supérieurs seront supportés par le premier. On ne devra placer le dernier rang du haut qu'à la distance de soixante-cinq centimètres de la charpente du toit; cette précaution préservera les couveuses du froid et de l'humidité qui pénètrent entre les tuiles.

Dans les localités où le bois est commun, par économie, on pourra faire des cases en planches. Ces planches devront avoir de vingt à vingt-cinq centimètres en tous sens, avec un rebord par devant, pour servir de juchoir. On aura la précaution, pour que les couveuses puissent se défendre avec avantage contre les pigeons qui voudraient les faire déloger, de faire l'ouverture de la case un peu plus étroite que l'intérieur. Les cases de cette manière sont avantageuses par la facilité que l'on a de nettoyer les nids, et les pigeonneaux y sont dans une température plus douce pendant l'hiver que sur les briques. Cependant il y a un inconvénient qui est des plus graves, celui d'entretenir des punaises dans l'habitation et la chaleur des nids pendant l'été.

Les cases en briques n'ont pas le même inconvénient que les cases en bois, et sont plus faciles à établir. Elles doivent avoir vingt-deux centimètres de hauteur, vingt-cinq à trente de largeur, et trente à trente-cinq de profondeur. On y établira, comme devant les cases en bois, un petit rebord devant chaque rangée de cases, pour la commodité des jeunes pigeons qui rentrent dans leur nid. Tout le travail de ces cases consiste tout simplement à lier les briques avec du plâtre. Cette dernière méthode est préférable sous tous les rapports : on doit l'employer dans toutes les localités où la brique est commune.

MOBILIER DU COLOMBIER ET DE LA VOLIÈRE.

L'échelle tournante à l'usage du colombier, en forme ronde, est très-simple à établir, sa construction est la même qu'une porte qui tourne sur pivot, quant à sa forme; mais son travail n'est pas le même. Il suffit d'avoir deux montants solides, liés ensemble par deux pièces horizontales de la même grosseur que les deux montants, et d'ajouter deux autres pièces de bois de la même dimension, que l'on adaptera à chaque pièce horizontale pour les soutenir. Le montant opposé à celui qui doit tourner sur pivot sera percé à jour pour y implanter des échelons qui devront dépasser le montant de chaque côté de vingt-cinq centimètres, longueur nécessaire pour placer les pieds. Cette échelle ainsi terminée, on la placera au milieu juste du cercle du colombier sur une pierre percée, que l'on aura fait sceller dans le plancher pour recevoir le pivot. On placera une poutre qui traversera le colombier dans sa partie supérieure; on y fixera, perpendiculairement au trou qui doit recevoir le pivot du bas, une grenouille en fer dans laquelle tournera le pivot du haut : par ce moyen, on aura une échelle avec laquelle on pourra faire le tour du colombier et visiter tous les nids sans le moindre bruit, en ne s'écartant qu'à la distance voulue pour les atteindre facilement avec la main.

Pour faire mouvoir l'échelle sans le secours de personne. on établira une corde autour du colombier, mais intérieurement. Cette corde sera passée dans les boucles des pitons que l'on aura implantés dans le mur de distance en distance l'un de l'autre. On la placera le plus près du mur qu'il sera possible, pour que les pigeonneaux ne se posent pas dessus, mais assez près de l'échelle pour qu'on puisse l'atteindre avec la main, étant sur l'échelle. Si dans les environs du colombier il n'y a ni mare d'eau ni fontaine, on aura soin de placer dans l'intérieur une auge en bois plus ou moins grande, suivant le nombre de pigeons que l'on aura dans le colombier. Cette auge devra être couverte par une planche très-mince percée de trous de distance en distance, en forme de petites fenêtres, par lesquels les pigeons puissent passer leur tête pour atteindre l'eau. Cette planche sera fixée sur l'auge par un crochet à chaque bout ; on aura l'attention de tenir l'auge toujours propre, et de renouveler l'eau très-souvent, et qu'elle ne gèle pas en hiver.

On aura toujours à l'intérieur de la volière une trémie pour recevoir la nourriture des pigeons ; nous ne la décrirons pas parce que tout le monde la connaît : elle sera d'une grandeur calculée sur le nombre de pigeons que l'on aura dans la volière. La mangeoire sera couverte d'une planche percée de plusieurs trous ronds, à six centimètres de distance les uns des autres, assez grands pour qu'un pigeon puisse y passer la tête : elle servira à garantir la graine des ordures qui pourraient y tomber ; elle devra être recouverte d'une planche qui débordera le dessus de quatre centimètres de chaque côté, pour empêcher les ordures de tomber dans les graines.

HYGIÈNE DU COLOMBIER.

Le renouvellement de l'air et la propreté dans un colombier sont la première nécessité. Quand les pigeons seront sortis du colombier, on aura soin d'ouvrir les fenêtres pour changer l'air, de nettoyer souvent la fiente avant qu'elle ne fermente, et ceci, avec la plus grande précaution, parce que la poussière qui s'en élève est très-dangereuse pour l'homme comme pour le pigeon : fraiche, elle pourrait faire perdre la vue ; vieille, elle est un peu moins dangereuse

Pour éviter cet inconvénient, on répandra quelques gouttes d'eau sur le plancher avant de balayer.

Toutes les fois que l'on prendra des petits, il faudra avoir grand soin de nettoyer les nids avec une brosse très-rude, et même de les laver avec de l'eau et du vinaigre. Le nettoyage complet de l'habitation devra avoir lieu au moins quatre fois l'année. On choisira, pour cette opération, le moment où les oiseaux seront moins occupés à la ponte.

Autant que possible, on familiarisera les pigeons afin de ne pas les effrayer en entrant dans le colombier; ils pourraient ne pas retourner sur leur nid. Le meilleur moyen de les familiariser est de siffler quand on leur jette à manger. On ne devra pas entrer dans leur demeure sans avoir frappé deux ou trois coups à la porte, pour donner le temps à ceux qui seront par terre de gagner sans trop de précipitation la partie supérieure, car il pourrait bien y avoir des œufs de cassés.

MANIÈRE DE PEUPLER LES COLOMBIERS.

De toutes les races que l'on a employées jusqu'ici pour peupler les colombiers, aucune n'a présenté autant d'avantages, sous le rapport des bénéfices, que la race pure. Grand nombre de personnes, par économie, ont donné la préférence aux fuyards bisets, parce que cette race a l'instinct d'aller chercher sa nourriture au loin. Mais cet avantage n'est pas en rapport avec le produit ; j'en ai fait l'essai moi-même.

Les bisets vivent moins longtemps, ne produisent bien que pendant quatre ans, et ne font que deux pontes chaque année.

Les pigeons pure race peuvent, tout aussi bien que les bisets, aller chercher leur nourriture dans les champs. On pourra donc en peupler les colombiers avec avantage, car le produit en sera triplé, tout en leur tenant compte du temps qu'ils perdront à aller chercher leur nourriture dans les champs; leurs couvées ne seront pas moins de six par an.

La saison la plus convenable pour peupler les colombiers est le printemps. On se procurera deux pigeonneaux qui mangent seuls; on les enfermera dans le colombier, jusqu'à ce qu'ils entrent en amour. On choisira, pour les laisser sortir, un jour sombre et pluvieux, qui les empêchera de s'éloigner.

Pour les habituer à ne plus compter sur le grain qu'on leur donne journellement, on jettera leur ration moitié en dedans du colombier et moitié en dehors, et, à la longue, on les habituera à ne manger que dehors. On diminuera peu à peu la nourriture, et aussitôt que les œufs de la seconde ponte commenceront à éclore, on ne leur donnera plus rien.

Quand on voudra peupler les colombiers, on fera bien de n'y admettre que les pigeons de couleur foncée ; les blancs sont presque toujours victimes des oiseaux de proie.

La multiplicité des pigeons dans le colombier, pendant les deux premières années, sera satisfaisante, si on n'en a pas retiré avant la fin de la troisième année, parce qu'on en aura augmenté ainsi le nombre ; les jeunes pigeons nés dans l'habitation, y étant affectionnés, y réussissent mieux que les nouveaux que l'on y introduit, malgré toutes les précautions que l'on peut prendre.

DE LA CONNAISSANCE DES SEXES.

Le moyen de reconnaître les mâles avec les femelles, avant leurs amours, n'est pas chose peu difficile pour les personnes qui n'ont pas une grande habitude des pigeons. Des amateurs ont prétendu deviner le sexe que contient chaque œuf, aussitôt qu'il est pondu. Voici leur opinion : En mirant l'œuf, si le germe que l'on aperçoit est placé près du sommet, l'oiseau sera un mâle; si, au contraire, ce germe est un peu loin, ce sera une femelle. Pour mon compte, je peux affirmer que j'ai fait cette expérience mainte et mainte fois avec un soin particulier, et que je n'ai jamais réussi ; cela s'explique par l'habitude qu'ont les pigeons de remuer les œufs à chaque instant.

Il est également très-difficile de reconnaître le sexe des jeunes pigeons. Aucun signe d'amour ne le trahit avant un an; mais, passé cet âge, tous les mouvements amoureux dévoilent son sexe avec certitude, aux yeux des observateurs les moins attentifs. On remarque cependant aux mâles un bec et une tête plus forts; ils sont également plus gros. Il y a encore un moyen de reconnaître le sexe de ces oiseaux dans les variétés à panaches; c'est-à-dire quelques taches noires que les mâles ont et que les femelles n'ont pas. Au surplus, le moyen le plus infaillible de ne jamais se tromper dans son jugement, est d'attendre l'âge de leurs amours.

Aussitôt que l'on aura acquis cette certitude de désirs, on les accouplera; mais il faudra attendre qu'ils aient l'âge d'un an, si l'on veut qu'ils fassent des pontes régulières; ce n'est qu'à cet âge qu'ils seront dans leur grande vigueur. Passé l'âge de sept à huit ans, les pontes diminuent considérablement, et cessent d'habitude à onze.

DE LA VOLIERE.

Etant destinée à loger des pigeons beaucoup plus apprivoisés que ceux de colombier, la volière pourra être construite à tel endroit que l'on voudra de l'habitation, pourvu qu'elle soit sur un terrain sec, à l'abri du vent du nord, exposée au levant ou au midi, élevée de trente-deux centimètres au-dessus du sol. Dans les grandes villes, quand on n'a pas d'autre emplacement, on peut la construire dans un grenier, sur une terrasse ou sur un toit. Autant que faire se pourra, la volière aura une forme carrée; on se basera, pour la grandeur, sur le nombre de paires de pigeons que l'on voudra y loger. On lui donnera, si on veut y loger dix paires de pigeons, trente mètres de circonférence; si elle a six mètres de longueur sur trois de largeur, on pourra y en loger vingt paires, et ainsi de suite. Quelle que soit la forme que l'on donnera à l'habitation, on pourra toujours compter sur deux mètres cinquante centimètres carrés pour chaque couple de pigeons. Plus ils seront serrés dans leur volière, plus il y aura de dégât.

Les méthodes que l'on suit pour construire les cases pour les nids de pigeons ne sont pas toutes bonnes. Beaucoup de personnes font construire dans leur volière une charpente en bois sur laquelle elles placent des paniers d'osier; mais cette construction a des inconvénients très-grands auxquels je ne m'arrêterai pas.

La méthode la plus simple, la plus avantageuse sous tous les rapports, est celle que j'ai employée moi-même. En voici la description :

Ma volière a six mètres cinquante centimètres de longueur, sur deux mètres dix centimètres de largeur. J'y ai placé tout autour, et les unes au-dessus des autres, à soixante centimètres de distance l'une de l'autre, des planches en bois de cinquante centimètres de largeur. J'ai implanté dans le mur, à chaque bout de l'habitation et à la même distance l'un de l'autre que les planches, des tasseaux équarris sur lesquels j'ai fixé les planches. J'ai placé à un mètre l'une de l'autre de petites planchettes verticales qui font la séparation de chaque case.

J'ai eu la précaution de placer les divisions des rangs supérieurs sur le milieu des cases inférieures, c'est-à-dire que la première case du premier rang ayant un mètre de long, celle du second n'a que cinquante centimètres, mais les suivantes un mètre.

Devant chaque case j'ai fixé un châssis en bois, garni d'un treillage en fil de fer, ayant sur le côté droit une petite ouverture de vingt-cinq centimètres de hauteur sur vingt de largeur, munie d'une porte composée également d'un châssis en bois et de treillage en fil de fer, s'ouvrant de gauche à droite, par le moyen de deux charnières; on la tient fermée par un crochet placé du côté opposé. On peut aussi la faire à coulisses. En dehors, à la partie supérieure de la porte, il y a une petite planchette de la longueur de l'entrée, ayant vingt-deux centimètres de large, qui est indispensable pour recevoir les pigeons quand ils rentrent. Il sera facile de comprendre que si je n'ai pas placé les divisions du second rang sur celle du premier, c'est pour que les planchettes des portes ne se trouvant pas les unes au-dessus des autres, les pigeons ne puissent faire leurs ordures les uns sur les autres.

J'ai garni de deux nids en plâtre, l'un dans le fond à droite et l'autre dans le fond à gauche, l'intérieur de chaque case. Si on le préfère, on peut aussi se servir de terre cuite.

La volière, distribuée de cette manière, a l'avantage que chaque couple de pigeons est isolé l'un de l'autre, et logé chez lui. L'avantage qu'offrent les cases ainsi distribuées n'est pas sans importance; les pigeons peuvent s'y caresser facilement et sans interruption.

Chacun sait combien les pigeons sont jaloux l'un de l'autre; qu'aussitôt qu'ils en voient deux se faire des caresses, les autres s'élancent dessus, et les battent jusqu'à ce qu'ils les aient séparés. Voilà ce qui arrive quand les cases ne sont pas fermées et indépendantes les unes des autres.

On devra tenir la volière extrêmement propre ; les murs devront être blanchis à la chaux vive, bien crépis. La porte d[illegible]ra fermer hermétiquement et la fenêtre être bien grillée, afin que les animaux malfaisants n'y trouvent pas passage. On mettra l'épaisseur de trois centimètres de sable sur le plancher, et au bout de trois jours on l'enlèvera avec un rateau à dents très-épaisses. En se servant de cet instrument on n'appuiera que faiblement afin de n'enlever que la superficie du sable, et les pigeons seront toujours très propres et très-bien portants.

On aura soin de tenir toujours dans la volière, à la disposition des oiseaux, de l'eau dans une auge telle que je l'ai décrite à l'article : *Mobilier du colombier*.

Il y aura toujours, dans un coin de la volière, un peu de paille coupée, de la longueur de cinq ou six centimètres, pour que les pigeons puissent trouver des matériaux pour faire un lit à leur jeune famille.

Il arrive qu'ils pondent leurs œufs à nu sur le plâtre, et qu'ils se cassent ; on y remédiera en y plaçant de la paille soi-même.

Il arrive que d'autres, parfois, y en mettent une si grande quantité que les œufs ne peuvent pas y trouver place et roulent dehors; dans ce cas, on la diminuera un peu.

SOINS A DONNER A LA VOLIÈRE.

Quand on a une volière dans une ferme, on doit laisser vaquer les pigeons dans la cour ; ils y trouvent toujours quelque chose à manger et y prennent un exercice salutaire. Ce mode a un double avantage : les pigeons s'y nourrissent presque sans frais et débarrassent le fumier d'une foule de grains qui plus tard germeraient dans les terres, au détriment de l'agriculture.

Toutes les fois qu'on donnera au pigeon la liberté de sortir, on sera certain de les voir prospérer. Grand nombre de personnes pensent qu'en les tenant enfermés ils produisent davantage que si on les laisse vaquer à leur caprice ; mais ces mêmes personnes ne font sans doute pas attention que ceux qui sont ainsi cloîtrés sont toujours attaqués de la vermine qui les ronge, qu'ils ne peuvent plus s'étaler à la pluie qu'ils aiment, et qu'ils ne peuvent pas non plus se ranimer aux rayons du soleil ; qu'ils sont également privés d'aller chercher de la pâture pour leur jeune famille, telle que de l'oseille, du cailloutage et autre nourriture que la nature leur indique comme très salutaire pour eux.

Dans les villes, il n'y a guère possibilité de leur donner la liberté désirable, puisqu'ils n'ont que des toits pour se reposer et qu'ils y sont sans cesse attaqués par les chats qui se tiennent en embuscade. Pour remédier à cet inconvénient, on construira sur la fenêtre, mais en dehors, une cage en fil de fer d'une grande dimension tout à fait semblable à une cage ordinaire quant à sa forme, excepté le toit, qui sera en planches et incliné d'un côté pour l'écoulement des eaux ; dans cette cage, les pigeons pourront aller se promener à leur fantaisie.

Quand on visitera les nids et qu'on s'apercevra que les œufs sont éclos, on y entretiendra une grande propreté ; on devra changer la paille des nids des pigeonneaux tous les deux ou trois jours, à compter du jour de la naissance de ceux-ci. Sans cette précaution, ils seraient bientôt couverts d'insectes qui les empêchent de se développer et qui incommodent parfois la mère à un tel point qu'elle abandonne ses petits.

Aussitôt qu'on aura enlevé les pigeonneaux, ou qu'ils seront sortis eux-mêmes de leur nid, on nettoiera immédiatement la case et le nid, et on remplacera la vieille paille par de la fraîche.

La propreté dans une volière est de la plus grande importance ; il faut visiter attentivement tous les endroits qui sont susceptibles de recéler les mites et les punaises, et enfin tous les insectes nuisibles à l'éducation des pigeons, et les tuer par le moyen d'une brosse ou de l'eau bouillante.

La colombine devra être enlevée de la volière le plus souvent possible et transportée à quelque distance ; le plancher devra être balayé tous les deux ou trois jours ; mais, avant de faire cette opération, il faudra avoir soin de jeter un peu d'eau sur le plancher pour abattre la poussière, car elle occasionne aux pigeons des maladies incurables.

Ils auront toujours à leur disposition une nourriture saine

et abondante, et l'eau de leur auge sera renouvelée trois ou quatre fois la semaine. L'hiver, on fera attention qu'elle ne gèle pas. Indépendamment de l'eau qu'on leur donnera pour se désaltérer, ils devront avoir un baquet pour prendre des bains.

Dans les volières, il y a souvent un désordre préjudiciable à sa prospérité; il faut y enlever avec exactitude tous les pigeons qui ne sont pas accouplés. Les mâles, principalement, sont cause que les femelles pondent des œufs clairs, par le trouble qu'ils apportent dans les ménages, et les femelles ne sont pas moins coupables que les mâles, parce qu'elles débauchent ceux-ci, qui s'épuisent et deviennent adultères.

Aussitôt qu'on s'apercevra que les jeunes pigeons mangent seuls, on les placera dans un appareilloir, et on ne les remettra dans la volière que quand ils commenceront à s'accoupler. Du reste, tous les soins que nous avons indiqués pour le colombier sont applicables à la volière.

DE LA PONTE ET DE L'INCUBATION.

Les pigeons fuyards pondent deux fois l'année ou trois fois au plus : chaque ponte est de deux œufs, mais ils ne les pondent pas les deux à la suite l'un de l'autre, il y a toujours un jour d'intervalle. La première ponte a lieu au mois de mars et la seconde au mois d'août ; et la troisième, si elle a lieu, entre ces deux époques. Les pigeons pure race font jusqu'à douze couvées par an. Aussitôt que les deux œufs sont pondus, la femelle commence l'incubation.

Malgré que la femelle ne ponde jamais ni plus ni moins que deux œufs, il y a cependant une exception à la règle. Si le pigeon est jeune, sa première ponte peut n'être que d'un seul; c'est ce que l'on appelle œuf avancé. On ne doit pas s'en inquiéter; à la seconde, elle rentrera dans la règle générale.

Il y en a d'autres qui ne pondent jamais qu'un seul œuf, celle-là doit être réformée ; cela tient à un vice de conformation qui durera toute la vie. Cependant il arrive quelquefois qu'une femelle, après qu'elle a pondu son premier œuf, reste trois jours avant de pondre le second. Si, au commencement du quatrième jour, le second n'est pas pondu, ne comptez plus sur la nature; faites-lui avaler de petites boulettes de beurre ou de savon, en les lui introduisant dans le bec, élargissez-lui avec le doigt l'orifice de l'anus, enduisez-le de beurre frais, administrez-lui deux ou trois lavements d'huile d'olive.

Si on a un couple de pigeons qui fasse constamment des œufs clairs, on doit, pour reconnaître lequel des deux est stérile, les accoupler avec deux autres et réformer de suite celui dans le nid duquel on aura trouvé un œuf clair à la première ponte.

Il y a de certains pigeons qui conservent leur fécondité jusqu'à l'âge de douze ans; mais le plus grand nombre la perd avant cet âge. Les femelles, principalement, sont moins susceptibles de s'épuiser que les mâles. A mesure qu'on s'aperçoit qu'elles font un plus grand nombre d'œufs clairs en avançant en âge, on doit remplacer leur vieux mâle par un plus jeune. On connaît les vieux à leurs pattes d'un rouge terne ou cendre, à leurs ongles longs et recourbés, à leur bec effilé, mince et crochu.

Quand on possède de bons pigeons, on ne doit point les laisser couver des œufs clairs, c'est du temps perdu; on doit les jeter; ils en auront pondu d'autres dans une douzaine de jours.

Pour être sûr que les œufs sont fécondés, on doit les mirer, en les interposant entre l'œil et la lumière d'une chandelle, ou des rayons du soleil. Quand on n'apercevra pas, dans le milieu de l'intérieur de l'œuf, une petite tache obscure formant un petit corps rond, il n'aura pas été fécondé.

DE L'ÉCLOSION.

Immédiatement après que la femelle a pondu son dernier œuf, elle commence à les couver avec assiduité. A dater de la ponte du second, il faut dix-sept ou dix-huit jours en été, dix-neuf ou vingt en hiver, pour que les petits éclosent. (On reconnaît qu'ils vont éclore quand ils sont un peu cassés sur le gros bout.) Vers le commencement du dix-huitième ou du vingtième, le pigeonneau commence, au moyen de son bec, à se frayer un passage à travers la coquille. Si la coque de l'œuf est trop dure, on doit favoriser la sortie du petit en frappant avec précaution sur le gros bout de l'œuf, et si on ne réussit pas à le faire sortir en frappant, on détachera avec une épingle les morceaux brisés de la coquille. On ne saurait trop recommander de prendre toutes les précautions pour cette dernière opération, car, si on blessait l'oiseau que renferme l'œuf, quoique très-légèrement, il mourrait infailliblement. On ne devra pas trop se hâter, car il arrive quelquefois que les œufs sont cassés sur le gros bout et n'éclosent que vingt-quatre heures après. Quand le petit, qui a commencé à se frayer un jour, est trop faible pour se dégager entièrement, il faut lui faire avaler quelques gouttes de vin afin de ranimer ses forces.

ÉDUCATION DES PIGEONNEAUX.

Aussitôt que les jeunes pigeons sont éclos, le père et la mère veillent à leur conservation avec un soin tout particulier. Ils les réchauffent avec précaution pour les ressuyer. Après quelques heures qu'ils sont nés, ils leur dégorgent dans le bec, pour première nourriture, une espèce de pâte liquide qui les fortifie. Pendant les premiers huit jours, ils les nourrissent de bouillie sans mélange ; mais, passé cette époque, ils y mêlent une petite quantité de grains à moitié digérés et ensuite entiers, mais détrempés.

On devra veiller avec un grand soin à ce que les pigeonneaux ne tombent pas de leur nid quand ils auront atteint une certaine grosseur ; c'est ce qui arrive souvent quand ils commencent à voler, en tâchant de suivre leurs père et mère. Une fois à terre, s'ils ne sont pas massacrés par les autres, ils meurent de froid, blottis dans un coin. Ils s'habituent difficilement à reconnaître et à saisir le grain qui doit les nourrir pendant leur existence, mais le père et la mère, qui ont toujours les yeux sur eux, ne cessent de les nourrir que du moment qu'une nouvelle ponte les oblige de les abandonner.

Les pigeonneaux sont sujets à différentes maladies que l'on doit étudier attentivement, afin de les guérir. Ceux qui sont nés pendant la mue de leurs père et mère, viennent mal, lentement, ne prennent pas de corps et ne parviennent jamais à la grosseur de leur espèce. Cette maladie qui provient de leurs parents, est pour eux sans remède. Les pigeonneaux d'hiver, qui naissent entre les mois d'août et de février, ne profitent pas davantage. On ne devra donc pas les prendre pour peupler les colombiers. Presque tous les pigeonneaux d'hiver ont un vice de tempérament occasionné par la mauvaise nourriture qu'ils ont eue pendant leur jeunesse, jointe à l'intempérie de la mauvaise saison et l'état maladif de leurs père et mère. Il s'ensuit souvent une maladie fort dangereuse, qui les fait périr assez souvent.

Cette maladie commence presque toujours par un échauffement intérieur que rien au monde ne peut vaincre. On la reconnaît à leurs yeux rouges enflammés, aux ulcérations qui se forment à la langue et à l'intérieur du bec. Pour s'assurer de l'existence de cette maladie, on ouvrira le bec de l'oiseau; si on y aperçoit une sanie jaunâtre et visqueuse, exhalant une odeur fétide, tapissant toutes les parois intérieures du bec, de la gorge, et particulièrement sur la partie supérieure ou sur les côtés de la langue, il n'y aura pas à douter qu'ils sont atteints de cette maladie contagieuse. Si on ne s'empressait de donner des soins aux jeunes pigeons qui seront atteints de ces symptômes, le mal dégénererait bientôt en chancre et deviendrait incurable.

On ne devra pas perdre un instant pour enlever du nid le petit qui en sera affecté, pour le traiter hors de la volière; car si son mal dégénérait en chancre, les autres en seraient bientôt atteints.

Cette maladie est une des plus contagieuses que l'on connaisse.

Remèdes : On lui nettoiera l'intérieur du bec chaque jour, soir et matin, avec de l'eau mélangée avec du vinaigre, par le moyen d'un petit chiffon au bout d'un petit bâton très-léger. On imbibera ce chiffon d'eau et de vinaigre, et on le fera aller et venir dans l'intérieur de la bouche de l'animal. Tout le temps que le traitement durera, on ne lui donnera que de l'eau, dans laquelle on aura fait dissoudre de l'alun.

Il arrive fréquemment que l'on trouve dans un nid des petits qui sont abandonnés par leurs parents, ne donnant aucun signe de vie. Malgré cela, ils ne sont pas toujours morts. Pour les rappeler à la vie, on les sort du nid avec précaution, on les met sur la cendre chaude, que l'on renouvelle à mesure qu'elle refroidit. On peut encore les envelopper dans de la laine ou du coton et les exposer au soleil; mais il faut avoir grand soin d'en garantir la tête, sans quoi il finirait de les tuer en un instant. On peut, quand le mal n'est pas aussi grand, les envelopper simplement dans des étoffes que l'on aura chauffées au feu. Aussitôt qu'on les voit ouvrir le bec à plusieurs reprises, comme s'ils faisaient de longs bâillements, ils sont sauvés.

Quand on voudra manger un pigeon succulent, il faudra le prendre un mois ou six semaines après sa naissance, avant qu'il ne soit sorti du nid; il perd beaucoup de sa délicatesse passé cette époque, parce que les parents le nourrissent moins, pour lui apprendre à manger seul.

ENGRAISSEMENT DES PIGEONS.

Si l'on veut manger d'excellents pigeonneaux de volière, il faut les engraisser de la manière suivante : lorsqu'ils seront parvenus au dix-neuvième ou vingtième jour, lorsque le dessous de leurs ailes commence à se garnir de plumes, ou de canons dans la partie des aisselles, retirez-les de la volière, placez-les ailleurs dans un nid et couvrez-les avec une corbeille, un panier, qui refuse accès à la lumière et qui laisse le passage à l'air. Tout le monde sait qu'on doit, en général, tenir dans l'obscurité les animaux qu'on veut engraisser artificiellement. Ayez des grains de maïs qui auront trempé dans l'eau environ vingt-quatre heures; retirez deux fois par jour, le matin de bonne heure, le soir avant la nuit, chaque pigeonneau de son nid, ouvrez lui le bec avec adresse et faites-lui avaler chaque fois, selon son espèce et sa grosseur, depuis cinquante jusqu'à quatre-vingts et même cent grains de maïs humectés; continuez dix ou quinze jours de suite, et vous aurez des pigeons d'une graisse aussi fine que celle des plus belles volailles du Mans, il n'y aura de différence que dans la couleur. On peut obtenir un résultat encore meilleur en faisant cuire le maïs; il ne renfle plus, et l'oiseau ne court plus la chance d'être étouffé par une indigestion.

DE LA NOURRITURE DES PIGEONS.

La vesce est la meilleure nourriture à donner aux pigeons;

mais, dans les pays où elle manque, on peut la remplacer par les grains, tels que le blé, le sarrasin, l'orge, les pois, les lentilles, les féverolles, le maïs et les criblures de ces différentes récoltes.

Dans les pays vinicoles, on fait un grand usage de grains du raisin pour la nourriture des pigeons. Voici comment on les prépare :

Lorsque le marc est retiré de dessous le pressoir, on le met dans un endroit sec, on le remue souvent pour qu'il ne s'échauffe et ne moisisse pas ; quand il est bien sec, on le bat au fléau, et après on le passe au crible pour en extraire le grain. Cette nourriture, dont ils sont très-avides, ranime considérablement leurs forces pendant l'hiver.

On peut donner aux pigeons de colombier toutes les espèces de nourritures dont nous venons de parler, sans aucune précaution ; mais ceux des volières, qui sont beaucoup plus délicats, et principalement quand ils sont de pure race, sont souvent incommodés quand ils ont mangé du blé. Cette nourriture les relâche considérablement et leur donne un dévoiement dangereux et retarde souvent la ponte.

Dès que l'on s'apercevra de ce malaise chez ces animaux, il faudra leur donner à manger du chènevis, mais en petite quantité, parce que cette graine agit en sens opposé avec trop d'énergie. On calculera la quantité nécessaire, suivant le degré de la maladie; car si on leur en donnait de trop, on les rendrait malades.

Malgré que la vesce paraît toujours meilleure pour les pigeons, elle ne laisse pas de leur donner parfois le dévoiement, qui peut devenir mortel, surtout quand elle est nouvelle. On doit toujours en avoir sa provision un an d'avance, car elle est meilleure pour les pigeons que celle récoltée de l'année.

Aussitôt que vous vous apercevez que la vesce incommode les oiseaux, vous devez la remplacer par un mélange de toutes les graines que nous avons nommées (la vesce exceptée) ; chaque individu choisira à son goût.

On peut donner aux pigeons de volière, quoique plus délicats que ceux de colombier, une foule de choses que ceux-ci ne mangent guère, telles que la mie de pain, la viande hachée et la pâtée. Quand ils sont pressés par la faim ils vont chercher à manger jusque dans le fumier; s'ils peuvent pénétrer dans le jardin, ils ne manquent pas de becqueter l'oseille, dont ils sont très-friands.

Quand on a des pigeons paresseux à la ponte et que l'on veut hâter le moment de la couvée, on leur donne une nourriture ainsi composée : un quart de sarrasin, un quart de chènevis, un quart de grains de raisin et l'autre quart d'alpiste, le tout mélangé ensemble; on leur en jettera deux ou trois poignées par jour pendant l'hiver et le temps de la mue seulement, et au bout de quelque temps ils feront leur couvée.

Comme les pigeons, ainsi que la plupart des animaux, aiment beaucoup le sel, il convient, ne fût-ce que pour les attirer au colombier, d'y placer du sel ou du salpêtre, que l'on dispose comme nous allons l'expliquer. On pétrit et mélange avec soin dans de la terre fraîche, amollie par un peu d'eau où l'on fait fondre un kilogramme de sel commun, 1° cinq kilos de vesce, de chènevis ou toutes autres graines recherchées par les pigeons; 2° un kilo de cumin. Quand cette masse est bien corroyée, bien maniée, on fait quelques pains de forme conique, que l'on sèche soit au soleil, soit au four d'où l'on vient de retirer le pain. On tient ce pain au sec pour l'usage. Il est à propos d'en établir constamment un ou plusieurs, tant dans le colombier que dans la volière, parce que les pigeons les recherchent beaucoup et que l'usage leur en est salutaire.

Toutes les eaux ne sont pas bonnes pour rafraîchir les pigeons; celle de puits, par exemple, leur est très-nuisible, surtout quand elle contient de la sélénite, comme la plupart des puits de Paris. L'eau de fontaine et de rivière leur convient beaucoup mieux.

On peut se dispenser de donner du sel aux pigeons qui ont leur colombier près de la mer; ils s'éloignent quelquefois d'une dizaine de lieues pour y aller becqueter les efflorescences salines que les eaux ont laissées le long des dunes pendant les grandes marées.

On ne doit donner à manger régulièrement aux pigeons de colombier que fin novembre à fin février; entre ces deux époques, ils ont le talent d'aller chercher leur nourriture dehors. Cependant il est bon de leur faire de temps à autre une distribution pour les attacher à leur demeure. Pour les familiariser, on leur jettera le grain à heure fixe, on les sifflera, on les appellera toujours de la même manière; ils s'y habituent si bien qu'ils viennent se poser sur la tête du distributeur.

On n'oubliera pas, pendant les temps de pluie et d'orage, de leur donner une nourriture plus abondante. Ils restent constamment dans leur colombier pendant toute la durée du mauvais temps. Si on oubliait de le faire, ils pourraient se rendre dans un colombier voisin où ils trouveraient à manger, et ne pas revenir dans le leur.

Il est bon d'avoir toujours une heure fixée pour donner à manger aux pigeons. Le premier repas doit avoir lieu le matin aussitôt qu'ils sortent du colombier ou de la volière; mais il faudra avoir soin de réserver du grain aux femelles couveuses, qui ne quittent leurs œufs que vers les onze heures pour retourner couver à trois. On le leur distribuera vers les deux heures, jamais à midi, parce qu'à cette heure ils sommeillent presque toujours.

La troisième doit avoir lieu une heure avant la nuit. Le grain devra toujours être jeté en dehors du colombier, si le temps est sec, et le plus près possible, dans un lieu préparé pour cela, débarrassé d'herbe et de pierres. Pendant le mauvais temps on le leur donnera dans le colombier ou la volière. Il ne devra pas être trop abondant, surtout pendant la belle saison, parce qu'ils perdraient l'habitude d'aller chercher leur nourriture dans la campagne. De temps à autre on variera l'heure de la distribution tant du soir que du matin, pour ne pas les accoutumer à cette nourriture et pour ne pas attirer les pigeons du voisinage.

Si le colombier se trouve placé sur un terrain aride, on fera bien de placer à sa proximité deux ou trois auges en pierre ou en bois, et avoir grand soin de les tenir très-propres, toujours pleines, afin que, placés sur le bord, les pigeons puissent facilement atteindre l'eau.

On doit encore placer un baquet d'eau à leur proximité pour qu'ils puissent se baigner commodément après qu'ils se sont roulés dans la poussière pour se débarrasser des insectes qui les attaquent; s'ils sont dans la volière, on mettra le baquet en dedans.

MALADIES DES PIGEONS.

La *mue.* — Presque toujours la mue des pigeons commence au quinze juillet et finit ordinairement à l'entrée de l'hiver. Pendant tout le temps que cette opération de la nature se passe, ils sont très-indifférents pour les amours; cette indifférence est quelquefois poussée jusqu'au désaccouplement.

Symptômes. — Son bec reste à moitié ouvert, on y voit paraître à l'intérieur une humeur visqueuse; sa langue prend une couleur jaunâtre; une grande difficulté que l'oiseau a de respirer.

Remèdes. — Nourrissez-le d'orge pur; ne lui donnez à boire que de l'eau d'alun, donnez-lui également de temps en temps quelques grains de sel commun, et l'oiseau sera sauvé.

La *fausse-mue.* — Quand la mue n'a pas été complète, il y a fausse-mue, et il peut en résulter des accidents souvent graves, si on n'y apporte de prompts secours. Si elle n'a produit que des plumes venues à contre-sens, il y a moins de danger. *Remèdes.* Arrachez, aussitôt que vous les apercevrez, toutes les plumes que vous verrez paraître à contre-sens; ayez grand soin de ne pas faire rompre ni de déchirer les chairs; nourrissez l'oiseau comme nous l'avons indiqué à l'article précédent.

Diarrhée. — Une nourriture trop abondante et malsaine engendre cette maladie. *Remèdes.* Nourrissez les pigeons qui en sont atteints de pois cuits ou de pain trempé dans du vin, et faites-leur boire de l'eau d'alun. Si la maladie persiste, faites prendre une infusion de camomille dans du vin chaud.

Le *polype* est une maladie accidentelle qui est souvent incurable. C'est une excroissance de chair qui leur vient dans le gosier, qui peut les étouffer de suite. *Remèdes.* Coupez adroitement avec des ciseaux cette excroissance, aussitôt que vous l'apercevrez; brûlez ensuite sa racine avec de la pierre infernale, et nourrissez l'oiseau à l'orge pur. S'il reparaît après avoir été bien coupé, l'oiseau est perdu sans ressource.

L'*avalure*, maladie de la femelle, est produite par la trop grande ardeur du mâle. On reconnait cette maladie à une grosseur que l'on sent dans l'abdomen de la femelle. Comme cette maladie est un vice de conformation dans les organes sexuels, il n'y a pas d'autre remède que de lui donner un mâle d'un caractère plus doux.

La *goutte* est causée par l'humidité; elle leur paralyse les pattes et les empêche de marcher. On doit tenir les pigeons dans un endroit sec et chaud. Si cette maladie les attaque pendant la vieillesse, elle est incurable.

L'*apoplexie*, chez les pigeons, est ordinairement la suite des plaisirs de l'amour, joint à une nourriture échauffante, telle que le chènevis et l'alpiste. *Remède*. Aussitôt que vous vous apercevrez que l'oiseau sera tombé par terre, et que le sang lui sortira par le bec, vous le ramasserez et vous le saignerez en lui coupant deux ongles, un de chaque patte; vous les lui plongerez ensuite dans l'eau tiède jusqu'à ce qu'il soit rappelé à la vie. Cette maladie attaque les pigeons qui font des infidélités à leur femelle.

Le *râle* est le symptôme d'une inflammation de la glotte, qui le tient de près. *Remède*. Mettez l'oiseau à la diète; privez-le également d'eau salée; faites-lui une saignée à la patte en lui coupant un ongle; mettez-le, au bout de quelques jours, à un régime rafraîchissant. Si le râle vient à une grande vieillesse, c'est signe de mort.

L'*indigestion*, chez les pigeons, provient souvent de la grande quantité de graines qu'ils ont mangées avec trop d'avidité; elles restent entassées dans le jabot, se corrompent et font périr l'animal. *Remèdes*. Tenez longtemps l'oiseau à la diète; donnez-lui de temps en temps un peu de morue à becqueter, et faites-lui boire de l'eau d'alun ou de rouille.

L'*épilepsie* est une maladie qui provient du torticolis. L'oiseau a des convulsions qui lui font tourner la tête de tous côtés. Ils sont beaucoup plus souffrants quand on les touche. Si la maladie se développe, l'animal est perdu. Les femelles sont plus sujettes à cette maladie que les mâles.

Le *chancre* est la maladie la plus contagieuse et qui demande les plus grandes précautions, par les ravages qu'elle fait dans les pigeonniers qui en sont atteints. Le chancre est produit généralement par une fausse mue (voyez ces articles). *Remèdes.* Aussitôt que vous reconnaîtrez ces symptômes, séparez d'avec les autres le pigeon qui en sera atteint et mettez-le de suite en traitement. Ouvrez-lui le bec, munissez-vous d'un pinceau de charpie que vous tremperez dans l'eau mêlée avec du vinaigre, enlevez-lui avec ce pinceau toutes les mucosités jaunâtres que vous lui trouverez dans la bouche. Si vous y apercevez quelques ulcérations que vous puissiez atteindre, brûlez-les avec de la pierre infernale.

La *petite vérole* est excessivement rare dans les pigeonniers situés dans les pays froids ; mais dans les pays chauds, principalement en Italie, elle est très-commune ; cette maladie consiste en une éruption qui leur couvre tout le corps de boutons semblables à ceux de la petite vérole. Elle est incurable.

L'*asthme* se reconnaît à la difficulté qu'ont les pigeons de respirer ; ils ont le bec ouvert, comme si la respiration était gênée. Il peut provenir, soit d'un grand feu, soit d'un épuisement vénérien. *Remède.* Si la maladie provient d'une nourriture trop excitante, mettez le pigeon à un régime rafraîchissant ; si au contraire elle provient d'un épuisement vénérien, donnez-lui du chènevis en petite quantité, laissez pendant quelque temps l'oiseau renfermé pour qu'il ne puisse pas voir de femelle. Ils guérissent de cette maladie difficilement.

Les *vers* qui attaquent les pigeons ont à peu près trois centimètres de long, ils sont réunis en paquet dans le rectum, près de l'orifice de l'anus. Administrez-leur des lavements répétés avec de l'huile d'amande douce.

PIGEONS BISETS, OU DE COLOMBIER.

On reconnait les pigeons bisets aux caractères suivants : le bec droit, grêle, flexible et renflé vers le bout ; ailes longues et pointues ; paupières simples point de filet rouge autour des yeux, point d'excroissance charnue, que l'on nomme morille, sur le bec ; iris noir, ou œil de vesce.

Il faut à cette espèce de pigeons des bâtiments élevés, faits exprès, bien enduits en dehors, et garnis en dedans de nombreuses cellules pour les attirer, les retenir et les loger. Ils ne sont réellement ni domestiques, comme les chiens et les chevaux, ni prisonniers comme les poules: ce sont plutôt des captifs volontaires, des hôtes fugitifs, qui ne se tiennent dans le logement qu'on leur offre qu'autant qu'ils s'y plaisent, autant qu'ils y trouvent la nourriture abondante, le gîte agréable, et toutes les commodités, toutes les aisances nécessaires à la vie. Pour peu que quelque chose leur manque ou leur déplaise, ils quittent et se dispersent pour aller ailleurs ; il y en a même qui préfèrent constamment les trous poudreux des vieilles murailles, aux boulins les plus propres de nos colombiers ; d'autres qui se gîtent dans des fentes et des creux d'arbres ; d'autres qui semblent fuir nos habitations et que rien ne peut y attirer, tandis qu'on en voit, au contraire, qui n'osent les quitter, et qu'il faut nourrir autour de la volière qu'ils ne quittent jamais.

PIGEONS MONDAINS, OU DE VOLIÈRE.

On peut réduire les variétés de la race des pigeons mondains à trois pour la grandeur, qui toutes ont pour caractère commun un filet rouge autour des yeux.

1° Les premiers mondains sont des oiseaux lourds, et à peu près gros comme de petites poules ; on ne les recherche qu'à cause de leur grandeur, car ils ne sont pas bons pour la multiplication.

2° Les bagadais sont de gros mondains, avec un tubercule au-dessus du bec, en forme d'une petite morille, et un ruban rouge beaucoup plus large autour des yeux, c'est-à-dire une seconde paupière charnue, rougeâtre, qui leur tombe même sur les yeux lorsqu'ils sont vieux, et les empêche alors de voir. Ces pigeons ne produisent que difficilement et en petit nombre.

Les bagadais ont le bec courbé et crochu, et ils présentent plusieurs variétés ; il y en a de blancs, de noirs, de rouges, de minimes, etc.

3° Le pigeon espagnol, qui est encore un pigeon mondain,

aussi gros qu'une poule, et qui est très-beau ; il diffère du bagadais en ce qu'il n'a point de morille au-dessus du bec, que la seconde paupière charnue est moins saillante, et que le bec est droit au lieu d'être courbé ; on le mêle avec le bagadais, et le produit est un très-gros et très-grand pigeon.

4° Le pigeon turc, qui a, comme le bagadais, une grosse excroissance au-dessus du bec, avec un ruban rouge qui s'étend depuis le bec autour des yeux ; ce pigeon turc est très-gros, huppé, bas de cuisses, large de corps et de vol Il y en a de minimes, ou bruns presque noirs ; d'autres dont la couleur est gris de fer, gris de lin, chamois et soupe au vin. Ces pigeons sont très-lourds et ne sortent pas de leur volière.

5° Les pigeons nonnains, qui ne sont pas tout à fait aussi grands que les turcs, mais qui ont le vol aussi étendu, n'ont point de huppe ; il y en a de noirs, de minimes et de tachetés.

Ce sont là les plus gros pigeons domestiques ; il y en a d'autres de moyenne grandeur, et d'autres plus petits.

6° Les pigeons pattus se reconnaissent aux plumes plus ou moins épaisses, plus ou moins longues qui leur couvrent les phalanges jusqu'aux ongles.

Le pigeon pattu est d'une taille moyenne , moins pattu que le limousin et moins gros, de toutes les couleurs ordinaires aux pigeons, mais cependant plus ordinairement varié de noir ou de fauve. Il produit beaucoup, et n'est difficile ni sur la nourriture, ni sur le logement ; il s'accommode également bien du colombier, de la volière, d'une écurie, ou même d'une simple boîte. Il est très-répandu partout, mais surtout dans le midi de la France. La plupart des volières ouvertes dans les environs de Lyon sont peuplées de cette variété.

7° Le pigeon pattu limousin est très-gros et très-long, haut sur jambes, se distinguant particulièrement par la longueur démesurée des plumes qui lui couvrent les pattes. Il affecte toutes les couleurs, avec la tête et le vol blanc. Il produit beaucoup, mais il a le defaut de jeter ses œufs hors du nid avec les plumes de ses doigts, ce qui oblige à les lui couper. Si on se contentait de les arracher, elles repousseraient promptement, et l'on n'aurait obvié au mal que pour peu de temps.

8° Dans les pigeons pattus, qui ont les pieds couverts de plumes jusque sur les ongles, on distingue le pattu sans huppe sous la dénomination de pattu tambour. Ce pigeon pattu, que l'on appelle pigeon tambour, se nomme aussi pigeon glouglou, parce qu'il répète souvent ce son, et que sa voix imite le bruit du tambour entendu de loin.

9° Le pigeon pattu huppé est aussi appelé pigeon de mois, parce qu'il produit tous les mois, et qu'il n'attend pas que ses petits soient en état de manger seuls pour couver de nouveau.

Il faut cependant en excepter le froid de l'hiver, et ne compter que sur huit ou neuf pontes par an. C'est en effet un de ceux qui produisent le plus. Il ne diffère du précédent que par sa huppe.

10° Le pattu crapaud-volant est un pigeon qui a la tête aplatie et carrée, ce qui lui donne un peu de ressemblance avec celle d'un crapaud, d'où lui est venu son nom ainsi qu'à l'oiseau qui le portait avant lui. Il a l'iris noir et marqué de filets autour des yeux ; ses pieds sont très-garnis de plumes, et la couleur de son plumage est grise. Ce joli pigeon produit beaucoup, comme tous les métis. On l'a obtenu en croisant un glou-glou avec un volant ; il est de la grosseur du premier.

11° Le pigeon pattu plongeur a reçu son nom de l'habitude qu'il a, lorsqu'il vole, de nager pour ainsi dire sur sa gorge, qu'il enfle un peu à cet effet, dit M. Vieillot, quoique nous n'ayons jamais pu nous en apercevoir, malgré nos observations réitérées. Ce qu'il y a de plus certain, c'est qu'il plane assez longtemps dans les airs sans battre les ailes à la manière des oiseaux de proie. Il est ordinairement moins haut et moins gros que le lillois, dont il a un peu les formes générales ; sa grandeur est à peu près celle d'un volant. Ses pieds sont extrêmement garnis de plumes, et ses cuisses, couvertes aussi de longues plumes, forment ce que les amateurs appellent une culotte. L'auteur de l'article *Pigeons de volière*, du nouveau *Dictionnaire d'histoire naturelle*, dit que son plumage est à peu près semblable à celui du lillois, c'est-à-dire blanc argenté, ou blanc avec des barres noires ; mais nous ne l'avons jamais vu que gris. Cet oiseau est intéressant par sa grande fécondité.

12° Le pigeon pattu frisé était regardé, par Aldrovande, comme une espèce véritable. Cet oiseau est très-pattu, tout blanc et frisé sur tout le corps, les pennes de ses ailes ayant leurs barbes séparées et frisées, ce qui lui ôte la faculté de voler. La femelle est en tout semblable au mâle ; grosseur du pigeon tambour, très-productif.

C'est une race recommandable par son utilité, c'est-à-dire par sa grande fécondité.

13° Dans les races moyennes et petites de pigeons domestiques, le pigeon nonnain, dont il y a plusieurs variétés, savoir : le soupe au vin, le rouge panaché, le chamois panaché, mais dont les femelles de tous trois ne sont jamais panachées. Il y a aussi dans la race des nonnains une variété qu'on appelle pigeon maurin, qui est tout noir, avec la tête blanche et le haut des ailes aussi blanc ; mais, en général, tous les nonnains soit maurins ou autres, sont coiffés, ou plutôt ils ont comme un petit capuchon sur la tête, qui descend le long du cou, et qui s'étend sur la poitrine en forme de cravate, composée de plumes redressées.

DE LA COLOMBINE.

La fiente de pigeons, connue sous le nom de *colombine*, est un des plus puissants engrais que nous possédions ; il fertilise en peu de temps les prairies humides et froides, il double la récolte des plantes légumineuses, et surtout celle du chanvre, quand on sait l'employer à propos ; il est également très-bon pour les arbres, au pied desquels il faut le mettre après que les pluies lui ont ôté son premier feu, autrement il brûlerait la racine comme il brûle les mauvaises herbes sur lesquelles on l'étend. Les terres sur lesquelles on met la fiente provenant d'un colombier ou d'une volière bien peuplée donnent une récolte, en sus de celles où l'on n'en met pas, bien suffisante pour la nourriture des pigeons pendant une année. On voit que l'éducation des pigeons offre des avantages que nous n'avons pas fait ressortir, mais que tout le monde saura apprécier.

AVANTAGES.

Si on veut commencer l'opération sur une petite échelle, on n'aura que vingt paires de pigeons à acheter pour les faire accoupler ; au bout de vingt jours, les vingt paires de pigeons donneront quarante pigeonneaux ; vingt jours après leur naissance, on les retirera de la volière et on les placera dans un nid, nourris comme je l'ai expliqué. Après dix jours passés dans le nid, chacun de ces pigeonneaux sera devenu un magnifique pigeon, pouvant être vendu de 1 franc à 1 franc 25.

Les vingt paires de pigeons auront, par conséquent, dans l'espace d'un mois, donné quarante pigeons qui, vendus après un mois de soins peu coûteux, donneront une somme de 40 francs, mais comme chaque paire de pigeons peut couver douze fois par an, elles rapporteront 480 francs ; sur cette somme, il faut défalquer les frais de nourriture.

A présent pour démontrer le bénéfice net que donnerait cette industrie si l'on exploitait plus en grand, je vais établir les frais que coûteraient seulement trois cents paires de pigeons, et les bénéfices qu'elles produiraient.

FRAIS DE PREMIER ÉTABLISSEMENT.

Trois cents paires de pigeons, à 2 fr. chaque paire.	600
Trois cents nids, à 30 centimes.	90
Trois cents auges en bois pour l'intérieur de la volière	30
Deux baquets pour baigner les pigeons.	10
Trois cents cases à 2 francs.	600
Trois trémies.	60
Un cheval.	300
Une voiture.	200
Frais imprévus.	250
TOTAL. . . .	2,140

Le capital de cette somme est de peu d'importance, il donne 107 francs de rente à 5 pour cent. Poursuivons cet aperçu, et voyons quelle différence il y aura entre ce petit revenu et le résultat de l'essai que nous allons faire.

FRAIS POUR UNE ANNÉE.

Loyer.	250
Une domestique de basse-cour, y compris sa nourriture.	400
Nourriture de trois cents paires de pigeons, à un centime par jour pour chaque paire, pour l'année.	1,095
A reporter.	1,745

Report........................	1,745
Nourriture de 1,800 pigeonneaux, calculée sur le temps qu'ils resteront dans la volière................	1,198
Une écurie pour le cheval..................................	100
Nourriture du cheval..	600
Une domestique pour vendre............................	400
Impôts..	100
Feu pour l'établissement..................................	150
Intérêts du capital..	107
Frais divers..	300
TOTAL..........	4,700

On doit remarquer que je compte la nourriture des pigeonneaux à raison de dix-huit cents, parce que sur les sept mille deux cents que l'on aura à vendre chaque année, il n'y en aura jamais que le quart dans la volière, puisqu'on vendra au fur et mesure.

VENTE DES PIGEONNEAUX.

Nous avons dit que chaque couple de pigeons faisait douze couvées par an, de deux œufs chaque couvée.

1re couvée,	300 paires de pigeons, donnant chacune deux pigeonneaux à 1 fr., ci.....	fr. 600
2e —	....	600
3e —	....	600
4e —	....	600
5e —	....	600
6e —	....	600
7e —	....	600
8e —	....	600
9e —	....	600
10e —	....	600
11e —	....	600
12e —	....	600
	TOTAL de la vente des pigeonneaux.....	7,200

Je ferai observer, en faveur de mes calculs :

1° Que les pigeonneaux seront vendus souvent au-dessus du prix de 1 fr. ; ils pourront aller même jusqu'à 1 fr. 25 ;

2° Que si l'on attend une année pour les vendre, il y en aura qui seront devenus de superbes pigeons d'amateur, valant de 4 à 5 fr. la paire ;

3° Que l'on pourra faire des économies sur les deux domestiques, et n'en avoir qu'un ;

4° Que les frais divers, que j'ai portés à 300 fr., pourront se réduire, parce que les frais ont tous été prévus dès à présent.

RÉCAPITULATION.

Prix des ventes opérées au plus bas prix.	fr.	7,200
Total général des frais à leur maximum.		4,700
Bénéfice net à son minimum.		2,500

Il est facile de voir par mes calculs que, par cette industrie, on peut se créer une position aisée sans s'exposer à des chances de pertes. On n'a besoin que d'un capital de 2,140 fr. pour obtenir 2,500 fr. net de revenu.

Dans ces calculs nous n'avons pas compris les bénéfices que pourrait rapporter le colombier, en l'exploitant en même temps que la volière : le produit serait presque tout bénéfice, attendu que les frais pour son exploitation avec la volière ne seraient pas plus considérables que pour l'exploitation de la volière seule. Tous les frais consisteraient simplement à faire bâtir le colombier et à le garnir de cases; la nourriture, comme on sait, est peu de chose, puisque les pigeons de colombier n'en ont besoin que pendant trois mois de l'année.

Celui qui a quelques avances peut opérer de suite sur une grande échelle; le pauvre peut s'y livrer, sans pour cela abandonner son travail : il lui suffit de débourser 40 fr. pour acheter les vingt premières paires de pigeons, plus, le montant de la nourriture pendant dix jours. A cette époque, en vendant la première couvée, il rentrera dans ses déboursés, ce qui lui permettra d'acheter vingt autres paires de pigeons. Il est facile alors de calculer son bénéfice.

TABLE

FIN DE LA TABLE.

On trouve chez le même Libraire (*).

L'art de découvrir les sources propres à donner naissance à des Fontaines jaillissantes ou montantes de fond, avec un aperçu des dépenses qu'entraine leur établissement. Ouvrage accompagné de planc. coloriées; par Paul Tournier, ingénieur civil. Prix : 1 fr. 25 c.

La vraie manière d'élever et de multiplier les lapins, à la ville et à la campagne. — Moyen sûr et facile de se faire un revenu de 2000 fr. — Industrie à la portée de toutes les classes; par Louis Ravageaux, agronome à Tricot. 2e édition. Prix : 50 c.

Nouvel art d'élever les poules, les poulets et les chapons, soit à la ville, soit à la campagne. Moyen de se faire un revenu annuel et réel de 2,500 fr. — Industrie à la portée du pauvre comme du riche; par François Routillet, fermier près du Mans. 2e édition, considérablement augmentée. Prix : 50 c.

Nouvel art d'élever, de multiplier et d'engraisser les canards. Moyen de se faire un revenu annuel de 1,500 à 2,000 fr. — Industrie lucrative; par François Routillet, ancien fermier près du Mans. Prix : 50 c.

La vraie manière d'élever, de multiplier et d'engraisser les oies, à la ville et à la campagne. Moyen de se faire une rente annuelle de 2,400 fr. — Industrie avantageuse; par C.-L. Benoît, meûnier à Châtillon. Prix : 50 c.

Nouvel art d'élever, de multiplier et d'engraisser les dindons. Moyen de se faire un revenu annuel de 3,000 francs; par F. H. Chevassu, cultivateur, maire de Châtillon. Prix : 50 c.

La vraie manière d'élever et de multiplier les abeilles. Moyen de se faire un revenu annuel de 2,600 fr. — Industrie à la portée du pauvre comme du riche; par Auguste Lombard, fermier à Prépavin. Prix : 50 c.

L'art de faire produire les vaches laitières, à la ville comme à la campagne, suivi de la *Manière de faire toutes espèces de fromages*; par J.-B. Nicolot, nourrisseur. Prix : 50 c.

L'art d'élever, de multiplier et d'engraisser les porcs, avec économie de temps et de nourriture. Moyen de se faire un bénéfice de 3,300 fr. chaque année; par Célestin Bailly, fermier à Rozet-la-Laresse. Prix : 50 c.

L'art d'élever les chèvres et de les faire produire, à la ville comme à la campagne, suivi de la *Fabrication des fromages*; par un habitant du canton du Mont-d'Or. Prix : 50 c.

Nouvel art d'élever, de multiplier et d'engraisser les moutons. Moyen de se faire un revenu annuel de 2,000 fr.; par Joseph Morel. — Prix : 50 c.

(*) En envoyant un mandat sur la poste, et en y ajoutant 35 c., en sus du prix du premier ouvrage et 10 c. au prix de chacun des autres, on les recevra franc de port (Affranchir).

SAINT-CLOUD.—IMPRIMERIE DE BELIN-MANDAR.

www.ingramcontent.com/pod-product-compliance
Ingram Content Group UK Ltd.
Pitfield, Milton Keynes, MK11 3LW, UK
UKHW022001260726
13994UKWH00004B/1892

9 782329 370514